陆基推水集装箱式养殖技术图册

全国水产技术推广总站　组编

中国农业出版社

北　京

前 言

集装箱式水产养殖模式于2018—2020年连续三年被农业农村部列为引领性技术，是推动水产养殖设施化装备化发展的新型模式。全国水产技术推广总站依托集装箱式水产养殖模式在全国7省（自治区、直辖市）实施了池塘养殖转型升级绿色生态模式示范项目并取得了显著效果，广东等地将推广集装箱式养殖技术模式写入政府文件。集装箱式水产养殖模式迎来了新的发展契机。

集装箱式水产养殖模式作为一种新兴的养殖模式，系统集成了循环推水、生物净水、流水养鱼、鱼病防控、集污排污、物联网智能管理等先进技术。与传统池塘养殖模式相比，该养殖模式对从业人员有着较高的技术要求，只有严格按照技术规程操作，才能实现控温、控水、控苗、控料、控菌、控藻，确保养殖全程可控和质量安全可控，达到最优效果。

为进一步增进相关从业者对此项技术模式的理解和认识，我们组织编写了这本技术图册，用图文并茂的方式，详细介绍了集装箱式水产养殖模式系统组成及其原理、设备安装与调试、适养条件及对象、生产管理与收获等内容。本书既可作为行政管理人员、科研推广人员、水产专业学生了解该养殖模式的参考用书，也可作为一线养殖技术人员的技术指导用书。

由于编者水平所限，书中存在纰漏和不足之处在所难免，敬请广大读者批评指正。

编　者

2022 年 3 月

目 录

前言

第一章　集装箱式养殖原理和特征　/ 1

一　分区养殖、异位处理　/ 1

二　全程机械化、智能化、自动化生产　/ 1

三　适养多种品种　/ 2

四　养出的产品鲜美、无土腥味、品质好　/ 4

五　集装箱碳钢材质耐用、环保　/ 4

六　生产工艺成熟　/ 5

七　运输方式便利　/ 6

八　对安装土地属性要求低　/ 6

九　安装灵活，方便移动　/ 8

十　养殖可控性强，打破"靠天吃饭"的局限　/ 8

十一　抗风险能力强　/ 9

十二　集装箱使用寿命长　/ 10

十三　捕捞成本低　/ 10

十四　干塘排塘成本低　/ 11

十五　人工成本低　/ 13

第二章 陆基推水集装箱式养殖系统组成 / 15

一 陆基推水集装箱 / 15

1. 陆基推水集装箱外部概貌 / 15

2. 陆基推水集装箱内部概貌 / 15

二 配套设备 / 18

1. 鼓风机 / 18

2. 水泵 / 19

3. 出鱼滑梯 / 20

三 养殖前的准备工作 / 21

1. 人员及配套设施（工具） / 21

2. 养殖用水水质要求 / 22

四 养殖生产 / 24

1. 开启和关闭推水箱 / 25

2. 进水管和排水管 / 26

3. 进气管 / 27

4. 垫板 / 28

5. 天窗 / 28

6. 箱内设施 / 29

五 养殖注意事项 / 33

1. 养殖管理 / 33

2. 水质管理 / 34

3. 箱顶清洁及人员安全 / 34

第三章 陆基推水集装箱安装指导 / 35

一　地基建造　/ 35

二　道路的勘察　/ 36

三　启运集装箱前的准备工作　/ 37

四　箱体安装的工具准备　/ 37

五　溢流管的安装　/ 38

六　排水管的安装　/ 39

七　进水管、进气管的安装　/ 40

八　排污槽地漏　/ 40

九　水泵、风机的安装　/ 41

十　发电机安装　/ 43

十一　微滤机水泥池修建，反冲洗水泵安装　/ 43

十二　护栏、楼梯的安装　/ 45

十三　停电停气报警器安装　/ 46

十四　池塘三级改造，冬季搭双层温棚　/ 47

第四章 集装箱式养殖实例

（观星农业数字化渔业养殖基地）/ 49

一　观星农业数字化渔业养殖基地简介　/ 49

二　技术路线　/ 52

三　进鱼、出鱼操作　/ 61

四　基地特色　/ 62

五　示范与推广应用　/ 65

一 分区养殖、异位处理

"集装箱+生态池塘"水产养殖模式，即将鱼集中在养殖箱内，池塘不再投放鱼苗，作为生态净化池。

养殖尾水从养殖箱排出后，通过固液分离器，将尾水中的养殖固体粪污和液体分离，分离出来的养殖固体粪污经生物发酵等处理后作为生物有机肥，用于种植果蔬花卉植物。

分离后的液体流入生态净化池塘。池塘分为四级，即一级沉淀酸化塘、二级人工湿地、三级兼性厌氧塘、四级生态复氧塘。抽取生态复氧塘上层的富氧水，经臭氧杀菌后，进入养殖箱内循环使用。技术流程图详见图1.1。

二 全程机械化、智能化、自动化生产

集装箱式养殖采用全方位数字化管理，巡查机器人和水下摄像头可对整个养殖区进行巡检和视频监控，养殖情况实

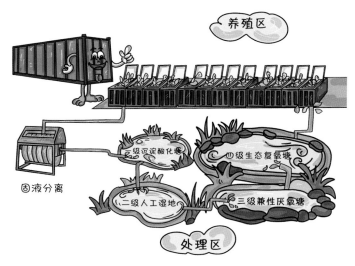

图 1.1　分区养殖、异位处理

时反馈到控制中心，及时预警。

　　自动投料机搭载智能投喂系统，精准调整投喂量，提高饲料使用率；自动上下鱼机，可大大节约人力，减少鱼体损伤。

　　智能养殖系统可实时监测分析水体温度、氨氮、溶氧等数据，为不同品种鱼苗创造最适宜的水质环境（图1.2）。

🔻 适养多种品种

　　经过全国多地示范应用，集装箱式养殖适养品种不断增加，乌鳢、江团、宝石鲈、草鱼、罗非鱼、虹鳟、彩虹鲷、禾花鲤、加州鲈、斑点叉尾鮰等十多个品种在不同区域规模

图 1.2　全程机械化、智能化、自动化生产

化试养成功（图1.3）。

图 1.3　集装箱式养殖适养品种

四 养出的产品鲜美、无土腥味、品质好

集装箱式养殖的水产品品质大幅提升，鱼的腹腔处无黑膜（脂溶性污染物）、无异味、无土腥味，具有更佳的肌肉质构，将"柴、绵、腥"的口感提升为"嫩、滑、实、鲜"。水产品符合最高的食品安全标准，做到"真正干净"（图1.4）。

图 1.4 集装箱式养殖的水产品品质好

五 集装箱碳钢材质耐用、环保

集装箱主要材料为碳钢，具有较高的强度、塑性和韧

性，成本低，且有利于持久使用和环保回收；箱内采用专用环保涂层，VOC（挥发性有机化合物）含量在百万分之五以下，达到饮用水设施涂层标准。

其他建造材料则相对耐候性差，易断裂，使用寿命短，易对环境造成二次污染。

集装箱建造材料对比如图1.5所示。

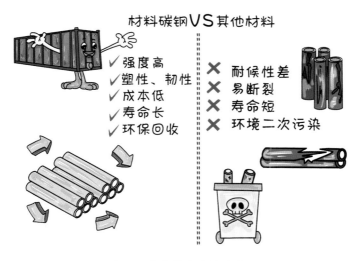

图1.5　集装箱建造材料对比

六　生产工艺成熟

养殖用的集装箱符合国际标准ISO 668的最新要求，生产工艺成熟，模块化生产设计，能够快速生产，实现工业化批量生产，快速形成产能（图1.6）。

图 1.6　生产工艺成熟

七　运输方式便利

集装箱满足各种运输方式，包括公路、铁路、海运。运输过程中不会产生影响使用的箱体永久变形或其他不正常现象（图1.7）。

八　对安装土地属性要求低

一般农用地即可安装摆放集装箱式养殖系统，无需使用建设用地。

集装箱式养殖系统安装土地属性要求见图1.8。

图 1.7　各种运输方式

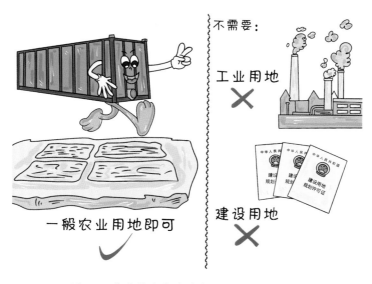

图 1.8　集装箱式养殖系统安装土地属性要求

九 安装灵活，方便移动

　　集装箱占地面积小，安装灵活，移动性强，可最大限度地利用非耕地，减少对土地的深挖破坏。相比之下，水泥养殖池需要对土地深挖硬化，不可移动，搬迁时易产生建筑垃圾，如图1.9所示。

图 1.9　集装箱式养殖系统安装优势特点

十 养殖可控性强，打破"靠天吃饭"的局限

　　集装箱式养殖采用分箱隔离养殖，可有效防止病害传播、扩散。倘若病害发生，可及时关闭水循环，分箱精准处

理；箱体设立有天窗，极端天气时可及时关闭，减少自然灾害的影响。相比之下，土塘由于养殖水面面积大，病害难控制，且用药的浓度以及用量都需大大增加才能达到效果（图1.10）。

图 1.10　集装箱式养殖打破"靠天吃饭"局限

十一　抗风险能力强

集装箱式养殖系统具有较强的抗风险能力。箱内集约化养殖，当气候变化时，可及时关闭天窗减少影响；养殖区和水处理区分开，抽水入养殖箱前经过处理，可有效地阻断水体中病菌的侵害和其他外来水生生物传播疾病。

传统养殖中，养殖水面敞开，易受到气候变化影响、水环境污染影响，暴雨天气还易造成养殖动物逃逸（图1.11）。

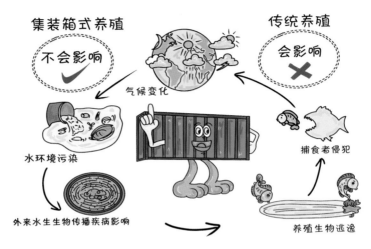

图 1.11　集装箱式养殖抗风险能力强

十二　集装箱使用寿命长

养殖箱主体结构为碳钢材料，具有较高的强度、塑性和韧性，箱内使用环保涂层，且耐腐蚀。正常情况下，进行淡水养殖时养殖箱可维持使用40年，海水养殖时可维持使用20年。若保养维护得当，甚至可以使用更长时间（图1.12）。

十三　捕捞成本低

集装箱式养殖属于设施化、智能化的现代化农业，出

图 1.12　集装箱使用寿命长

鱼口搭配出鱼滑梯，捕捞收获操作简单，极大地降低劳动强度；同时，平滑的出鱼口使得收获时鱼体损伤少，更适合长途运输。

　　传统养殖一般采用人工拉网，捕捞成本高，且拉网过程中易对鱼体造成损伤，鱼体应激大，不利于运输（图1.13）。

十四 **干塘排塘成本低**

　　集装箱式养殖系统通过干湿分离器收集处理粪便，收集起来的粪便经生物发酵处理后用于种植有机果蔬，养殖尾水则自然流入生态池塘，经生态净化池塘处理后循环使用，不需要频繁干塘排塘。而传统养殖因粪便、残饵积累等需定期

图 1.13　集装箱式养殖捕捞成本低

干塘排塘，额外增加养殖成本（图1.14）。

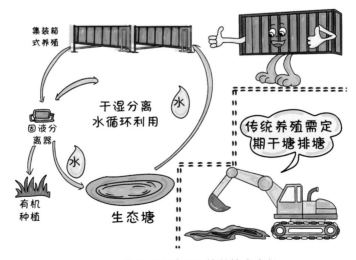

图 1.14　集装箱式养殖干塘排塘成本低

十五 人工成本低

　　集装箱式养殖实现了自动化、标准化、智能化生产，一个工人可看管多个养殖箱，捕捞简单，劳动强度小，极大地降低了养殖人工成本（图1.15）。

图 1.15　集装箱式养殖人工成本低

第二章

陆基推水集装箱式养殖系统组成

一 陆基推水集装箱

1. 陆基推水集装箱外部概貌

陆基推水集装箱式养殖系统采用20英尺*标准集装箱改造而成，单箱容纳25米³水体（长6.3米、宽2.4米、高2.6米），满载35吨。箱内部喷涂400微米环氧树脂漆，防止箱体腐蚀；顶端有四扇1米×0.8米的天窗，天窗可供观察及投喂；底部搭配一定坡度的斜面，与循环水流配合集污。其外观见图2.1至图2.4。

2. 陆基推水集装箱内部概貌

集装箱内四周环有6根2米长的曝气管，外接气泵供气。箱体前段配备300毫米的出鱼口，出鱼口内部有插水挡板。

集装箱内部概貌见图2.5。

＊ 英尺为非法定计量单位，1英尺≈30.48厘米，下同。——编者注

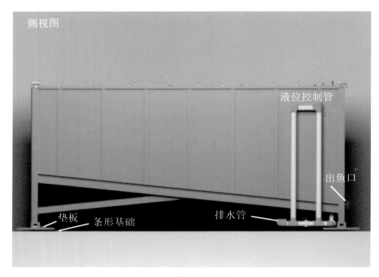

图 2.1　集装箱侧视图

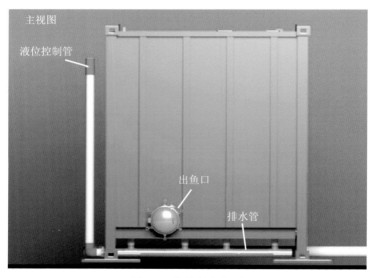

图 2.2　集装箱主视图

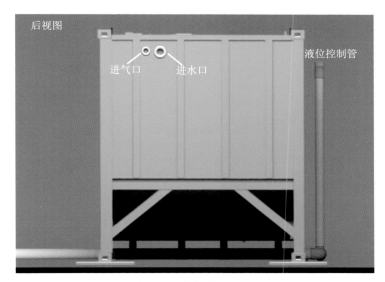

图 2.3　集装箱后视图

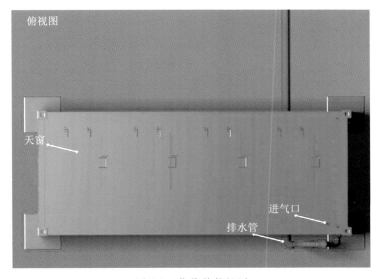

图 2.4　集装箱俯视图

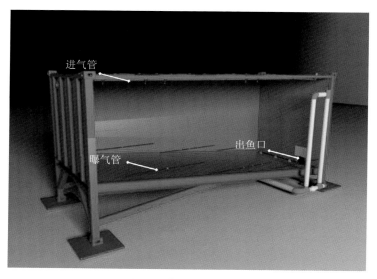

进气管

出鱼口

曝气管

图 2.5　集装箱内部概貌

二　配套设备

1. 鼓风机

集装箱式养殖系统推荐配套使用罗茨风机（图2.6）。鼓风机为箱体气源，箱体预留进气口［采用直径50毫米的聚氯乙烯（PVC）管］，为箱内6根曝气管供气。

曝气管通气参数如表2.1所示。

参考此标准配备风机，并按照所购风机的使用手册，正常使用及保养。为保障养殖品种的供氧安全，建议同时配备两台风机，防止因一台风机故障导致箱内缺氧。

图 2.6　罗茨风机

表2.1　曝气管参数

项　　目	单根曝气管通气	组箱曝气管通气
通气压力	＜7 000帕	＜7 000帕
通气量	4.84米³/时	24.4米³/时

注意：进气主管须安装泄压阀。

2. 水泵

须为集装箱式养殖系统配备正规厂家生产的水泵，一般配备潜水泵，直接从池塘内抽水至箱体，水泵为箱体提供水源。单箱水流量8～15米³/时，根据鱼苗大小进行适当调节。常规配备水泵扬程为6～9米。

建议配备两台水泵，轮流作业，以延长水泵使用寿命。

养殖品种在不同养殖阶段所需流速及流量不一，因此可为水泵配备同功率变频器，用来调节水泵出水量，以达到更好的养殖效果。

3. 出鱼滑梯

一般情况下每个基地配备1 ～ 2个出鱼滑梯（图2.7）。成鱼出箱时，需将箱内水体排至1/3水深，打开快开法兰，并取下法兰盖，连接出鱼滑梯。出鱼滑梯进出鱼口一端配备2个挂钩，防止滑梯跑位。出鱼滑梯另一端放置宽矮的接鱼容器（也可基建配备出鱼槽，或垫高箱体）。滑梯用完后须洗净晾干，收好备用。

图 2.7　出鱼滑梯

注意：出鱼滑梯安装后，须检查与箱体连接处是否有锋利尖角，若有则更换滑梯或及时维修。

三 养殖前的准备工作

1. 人员及配套设施（工具）

为妥善运行陆基推水集装箱并防范养殖风险，每个养殖集装箱应配备技术人员一名，负责监测系统各设备正常运转，及时维护并妥善维修，做好养殖管理工作，包括饲料投喂、病害预防、样品及时送检、水质检测机调控等。按照表2.2准备养殖配套设施（工具）。

表2.2　养殖配套设施（工具）

名称	数量	单位	作　　用	备　　注
鼓风机	≥2	台/箱	1. 养殖水体增氧。对于高密度养殖，增氧设备停止5分钟都可造成不可挽回的灾难 2. 与箱体内斜底搭配，形成箱内特定水流，利于粪便排出	多台箱体可共用一台大功率水泵，请参照箱体用气量确定配备风机的功率及数量
水泵	≥2	台/箱	为箱体提供循环水源	建议配备备用水泵或轮用水泵，以防止水泵故障带来的损失
养殖工具	1	套/箱	包括捞网、分鱼筛、手电筒、雨衣、胶鞋、防水胶裤、渔网、维修工具箱、接鱼桶等	酌情根据养殖需要准备
登箱梯	1	套/箱	用于投喂饲料、投放鱼苗、养殖观察等	登箱梯配备防护栏并做好防滑处理，并且宽度应大于80厘米，便于运输养殖物资

表2.2仅列出了基础配备，其他设施请依照实际需求配备。

2. 养殖用水水质要求

利用符合国家渔业水质标准的池塘进行陆基推水集装箱式养殖。水质要求如表2.3所示：

表2.3　养殖用水水质要求

序号	项　目	标　准　值
1	色、臭、味	不得使鱼、虾、贝、藻类带有异色、异臭、异味
2	漂浮物质	水面不得出现明显油膜或浮沫
3	悬浮物质	人为增加的量不得超过10毫克/升，而且悬浮物质沉积于底部后，不得对鱼、虾、贝类产生有害的影响
4	pH	淡水6.5～8.5，海水7.0～8.5
5	溶解氧	连续24小时中，16小时以上必须大于5毫克/升，其余任何时候不得低于3毫克/升；对于鲑科鱼类栖息水域，冰封期之外的任何时候不得低于4毫克/升
6	生化需氧量（5天，20℃）	不超过5毫克/升，冰封期不超过3毫克/升
7	总大肠菌群	不超过5 000个/升（贝类养殖水质不超过500个/升）
8	汞	≤0.000 5毫克/升
9	镉	≤0.005毫克/升

序号	项 目	标 准 值
10	铅	≤0.05毫克/升
11	铬	≤0.1毫克/升
12	铜	≤0.01毫克/升
13	锌	≤0.1毫克/升
14	镍	≤0.05毫克/升
15	砷	≤0.05毫克/升
16	氰化物	≤0.005毫克/升
17	硫化物	≤0.2毫克/升
18	氟化物（以F计）	≤1毫克/升
19	非离子氨	≤0.02毫克/升
20	凯氏氮	≤0.05毫克/升
21	挥发性酚	≤0.005毫克/升
22	黄磷	≤0.001毫克/升
23	石油类	≤0.05毫克/升
24	丙烯腈	≤0.5毫克/升
25	丙烯醛	≤0.02毫克/升
26	六六六（丙体）	≤0.002毫克/升
27	滴滴涕	≤0.001毫克/升
28	马拉硫磷	≤0.005毫克/升
29	五氯酚钠	≤0.01毫克/升
30	乐果	≤0.1毫克/升

序号	项　目	标　准　值
31	甲胺磷	≤1毫克/升
32	甲基对硫磷	≤0.000 5毫克/升
33	呋喃丹	≤0.01毫克/升

表2.3各项标准数值系指单项测定最高允许值。标准值单项超标，即表明不能保证鱼、虾、贝正常生长繁殖，并产生危害，危害程度应参考背景值、渔业环境的调查数据及有关渔业水质基准资料进行综合评价。

四　养殖生产

所需设备配置妥善，且水质符合使用标准情况下，开启系统试运行，并按照表2.4检查系统。

表2.4　集装箱式养殖系统常见问题及解决办法

序号	部件名称	常见问题	解决办法
1	进排水管	管道接头处漏水	系统默认用PVC管道作为进排水管道，接头利用胶水粘连，胶水涂抹不匀时会出现漏水情况。请标记管道漏水处，待排干管道内水体，烘干漏水点，并再次涂抹胶水，粘连2小时后才能通水。或者利用焊条焊接漏点，焊枪使用方法，请参见所用焊枪的使用说明书

序号	部件名称	常见问题	解决办法
2	进排水管	撞击等导致管道破损	破损处截断，并用相应的配件替代、粘连
3	进气管	管道接头处漏气	解决方法与水管相似，气管粘连2小时后才能通气使用
4	出鱼口	出鱼口漏水	为出鱼口法兰未上紧所致，上紧四周螺丝后即可解决问题
5	曝气管	曝气管气泡过大	为曝气管两端堵头或中间三通脱落所致，此问题需在加水前排查，若加水后发现此问题，需排空水体后修复

1. 开启和关闭推水箱

（1）开启推水箱池塘循环

首先，请检查箱内各部件状态是否正常，运输过程中可能因颠簸导致进气管脱落、排污槽挡板位移、出鱼口挡板位移等问题，系统开启前需及时复位。其次，检查箱外连接设备，保证各设备运转正常。箱体进水前请打开排污管底部端头的强排阀门。

利用进水冲洗箱内的灰尘，冲洗10分钟左右即关闭强排阀门。关闭强排阀门后，养殖箱内水位不断上升，上升至液位控制管控制高度，水体溢流出控制管，达到进水出水平衡。此时开启鼓风机增氧，系统正常启动。

（2）暂停推水箱池塘循环

①非养殖期间暂停系统。水泵、风机可同时暂停，若长时间不用箱体，请将箱内水排空。

②养殖期间暂停系统。当外界环境恶化，如池塘出现倒藻、泛塘等灾害时，请关闭箱体进水水泵，同时保证风机24小时开启。在系统暂停期间，系统不具有排污能力，此期间不能喂食。待外界环境恢复后可开启水泵，恢复循环。

③暂停循环系统以药浴。当养殖品种出现诸如车轮虫病等常见寄生虫病，或气单胞菌等引起的细菌性疾病时，可将系统循环暂停，保证风机开启，检测发病病因，对症用药。

（3）排空推水箱

①非养殖期间排空。风机、水泵可同时暂停，开启排水管强排阀门，排空箱体。

②养殖期间排空。请将水位降低至正常水位的1/3，按照正确的出鱼方式出鱼，开启排水管强排阀门，排空箱体。

2. 进水管和排水管

（1）进水管规格选择及连接

建议进水管使用PVC、三丙聚丙烯管（PPR）或聚乙烯（PE）材质。值得注意的是，按照管道流速2米/秒计算并选取相应材质。在多箱并联时，需结合实际流量选择主管道尺寸。

（2）排水管规格选择及连接

箱体预留管口径为100毫米的排水法兰，可连接管口径为110毫米的PVC法兰或其他材质不同、规格一致的法兰。建议排水管选用PVC、PPR或PE材质。

值得注意的是，排水管需组装成结构功能件——液位控制管，液位控制管需用1.0兆帕以上的管材制作，液位控制管竖立于箱外。管件同时承担负重，管壁太薄容易折断。

3. 进气管

（1）进气管规格选择及连接

箱体预留管口径为50毫米的PVC进气管接口，可用同规格承插接头连接。建议进气管选用PVC、PPR或PE材质，若需转换管道材质，接头处宜选择法兰连接或丝牙连接方式。进气管入箱处，配备管口径为50毫米的阀门，便于箱体供气调节。

多箱并联情况，主管道与风机出口保持一致，主管道截面积为风机出口总截面积的1～2倍。

（2）连接风机

保证风机各接头密封，不漏气。需为每组风机配备泄压阀和单向阀。泄压阀用以保证风机正常启动，单向阀用以防止暂停风机时气流倒回至风机中。

多台风机并联时，风机输出主路应当配备主路阀门，当一台开启、一台备用时，备用风机阀门应当处于关闭状态。

4. 垫板

箱子四个脚若不平整有晃动，需要在箱子脚下垫20厘米×20厘米以上钢板（图2.8），保证箱子四个脚不会悬空。注意需要在安装管道时垫好，避免加水时箱子脚下沉而使管道断裂。

图 2.8　集装箱养殖系统的垫板

5. 天窗

箱体配备天窗（图2.9），天窗作用如下：

（1）箱体采光，天气晴朗情况下开启天窗，有利于水体藻类生长；养殖的某些鱼种对阳光也有特殊需求。

（2）投喂饲料，天窗是投喂饲料的唯一通道。

（3）观察鱼情，天窗是观察鱼情的唯一通道。

图 2.9　集装箱式养殖系统天窗

6.箱内设施

（1）曝气管位置调整

曝气管位置如图2.10所示，曝气管尺寸如表2.5所示。

曝气管与箱顶端进气管用软管相连，软管在接头处插入深度至少为2厘米，套接后利用不锈钢扎丝或抱箍抱紧。初次检查若发现接头处脱落，应及时修补。

（2）排污槽及地漏

排污槽内有4个内径75毫米的宝塔头地漏（图2.11），地漏孔距约1.5厘米，用于正常循环和排污。

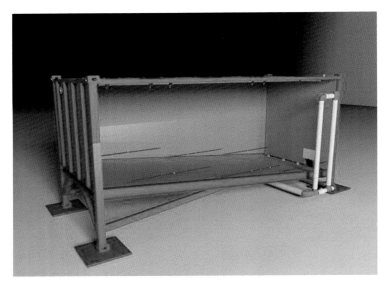

图 2.10　曝气管位置

表2.5　单套曝气管清单

序号	名　　称	单位	规　　格	数量
1	微孔曝气管	米	外径25.4毫米	12
			内径12.7毫米	
			壁厚6.23毫米	
			通气量：2.2米³/（时·秒）	
			通气阻力：＜7 000帕	
2	三通	个	14～10毫米PVC	6
3	堵头	个	14毫米PVC	12
4	软管	米	外径10毫米，内径8毫米	15

图 2.11　地漏

（3）出鱼口

出鱼口（图2.12）由快开法兰、出鱼口挡板及外置件出
鱼滑梯构成。出鱼口正确操作方式：

图 2.12　出鱼口（左：实物图；右：模式图）

①排空箱体水位至1/3高度；

②旋拧打开螺帽，取下出鱼口的法兰盖；

③将出鱼口滑梯与出鱼口对接，滑梯挂钩挂至出鱼口附件的挂环上，滑梯另一端搭在接鱼容器上；

④旋拧开启出鱼口挡板，开始出鱼；

⑤接鱼容器满后，旋拧关闭出鱼口挡板，完成一次出鱼。

（4）进水口

箱体进水口（图2.13）一般用直径90 ～ 110毫米管道，箱外段连接方法见前面"进水管和排水管"的介绍。

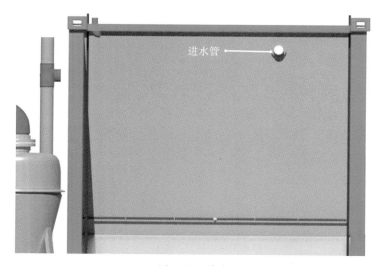

图 2.13　进水口

（5）防腐漆

箱体内部5面喷涂厚度为400微米的环氧树脂漆，环氧树脂漆是一种VOC（挥发性有机化合物）含量低、耐腐蚀、寿命长的表面涂料。为保证箱内油漆完整性，须做到以下几点：

①尖锐物体不入箱（如扳手、螺丝刀、剪刀等工具）。

②楼梯进箱要软布包角，防止楼梯扎坏箱体。

③箱体外侧不可焊接或进行切割等改装。

④箱体内侧出现锈点，请及时用油漆补修。

五 养殖注意事项

1. 养殖管理

（1）养殖数据记录

做好养殖过程投喂记录（包括开始投喂时间、结束投喂时间、饲料品牌、投喂量等）、养殖过程水流量记录（包括水泵开启时间、进水速度等）、养殖过程鱼病及用药记录（包括鱼病情况、用药时间、用药品种、用药剂量等）、养殖环境数据记录（包括采样时间、溶氧、水温、pH、氨氮、亚硝酸盐、盐度、透明度、光照时长等）。

（2）饲料投喂

饲料投喂应当注意三点：

①建议使用膨化饲料，膨化饲料为浮性，可通过摄食速度及饲料剩余情况判断鱼类对饲料需求量的高低。

②请尽量将饲料均匀分布，防止鱼类争食挤伤。

③请保证杂物不要入箱。

2. 水质管理

（1）水质变坏原因

养殖箱水体与池塘不断循环，箱内水质略次于池塘水质，若箱内水质指标超标，可能为以下几种原因所致：

①池塘生态系统崩溃。系统水循环量低（小于10吨/时）或鱼载量过大（大于1.5吨）均会导致水体自净减慢。

②粪便不能及时排出箱体，导致箱体水质环境恶劣。

（2）改善水质对策

①池塘生态系统稳定情况下，及时加大系统循环量至15～30吨/时，能有效改善箱体内水质。

②每天排污（排掉养殖水体的1/2～3/4），根据鱼的适应性和状态决定。排污后加水，30分钟左右加满为宜（时间太长，鱼高密度容易引起缺氧）。

3. 箱顶清洁及人员安全

（1）及时打扫箱顶，必要时可用高压水枪冲洗。注意要避免污水流至箱内。

（2）为箱体配备护栏，若为多台箱体，请为箱体间隙配备搭板。

第三章

陆基推水集装箱安装指导

➡ 地基建造

陆基集装箱长6.3米、宽2.4米、高2.6米，空箱重量3吨，加满水后重量30吨。做两条地基，深50厘米、宽80厘米。箱体摆放间距为10厘米，即2.5米一个箱。地基硬化参考图3.1，根据各地地质来设计地基的深、宽。地质松软的，先把泥土用压路机压实，再根据实际情况，打20厘米垫层，（图3.1）再做两条地基，垫层与地基需要加钢筋（图3.2）。

图 3.1　垫层

图 3.2　做地基

　　注意：两条地基要做在同一水平高度，不然箱体落地后四个角不平，需要垫钢板垫平后才能安装，否则加水后管道会断裂。

 道路的勘察

　　启运集装箱前需要考察清楚到现场的道路情况，如限

高、限宽、弯道幅度等。一般装好箱体后加上车的总高度在4～4.1米，宽度2.6米左右。例如一台车运输一台箱体，加上车头，车总长度在9米左右。

三 启运集装箱前的准备工作

在运输前将运输道路上的障碍清除掉。同时标记好每个箱体的落脚点（箱体宽度为2.4米，间距10厘米），画好标尺线，使箱体摆放后前后左右都在同一直线上，整体美观。安排好工时、场地以及吊车，以免吊车吊臂太短或吨数不够延误工时。由于很多地方购买PVC水管和管件很困难，所以如果要求快速完成安装工作，则需要提前定好安装所需的水管和管件，并确定好风机、水泵口径和类型。

四 箱体安装的工具准备

箱体落地后，用钢板将箱体悬空的脚底垫平，即可开始安装。

安装工具：卷尺2把，抹布3块，小钢锯1把，锯条3片，记号笔3支，手持砂轮机1个，小木锤1个（橡胶锤更好），切割机1台。

安装人员至少2个（其中至少1个懂水电安装）。

材料：管径为200毫米的PVC（简称200PVC，下同）水管1.5根6米，200PVC水管弯头2个，200PVC水管三通配件3个，200PVC碟阀2个，4节标准的11.5厘米长的200PVC水管（一般200PVC的三通弯头碟阀配件进入深度为11.5厘米）。

将4米长的200PVC进水管切成等长的两段1.9米长，将这两节1.9米长的200PVC管一头与三通连接。图3.3红框所圈结构因上端水流压力比较小，可不用胶水粘连，用锤子敲紧即可。

图 3.3　溢流管的安装（图中红框）

注意：200PVC排水管出来的第一个200PVC弯头安装要

水平。先安装好每个箱的溢流结构，按照一样的长度安装方便一些。

六 排水管的安装

　　5个箱体排水管用A级PVC排水管160毫米，10个箱体用A级PVC排水管200毫米。若排水管需要预埋到池塘与箱体之间的水泥硬化行车道路下，这一段距离的排水管要用进水管替代，预埋深度不低于50厘米，根据日常行车的重量增加深度。干湿分离器的进水口直径为200毫米。安装完溢流装置后即可安装排水管。由管径160毫米或200毫米连接管径110毫米的三通水管接头与溢流装置底部管径110毫米的排水口连接。每个箱体底部排水管需要用砖叠加支撑（图3.4）。

图 3.4　排水管的安装

七　进水管、进气管的安装

　　5个箱的主进水管用管径为110毫米的PVC管，主进气管用管径为75毫米的PVC管，分别如图3.5中"1""2"所示；10个箱主进水管管径为160毫米，主进气管管径为110毫米。箱内部的气管都连接好后，预留出50毫米管径的气管口。进水管口为90毫米法兰盘，根据主进水管的大小，用三通接头和大小接头变化连接（图3.5）。

图 3.5　进气管、进水管安装

八　排污槽地漏

　　每个箱体配有4个地漏（图3.6），养小鱼则每个地漏上都覆盖有密网，可以直接养小苗；若进箱的苗种比较大，则需要将地漏表面的一层密网去掉，再将地漏插上即可，以免地漏堵塞，造成箱内水从箱顶漫出来。

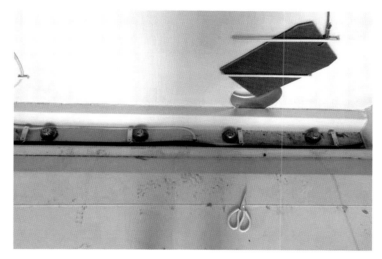

图 3.6　排污池地漏

九　水泵、风机的安装

水泵、风机最好安装2台，一用一备，轮换使用。水泵抽池塘表面30厘米处的水，溶氧更高。水泵处做一个水泵平台，根据水泵数量来设计面积大小，四周用密网隔开，避免垃圾、鱼类、杂草等进入水泵内影响水泵工作（图3.7）。

风机可选双螺旋风机，其风量更大。出风口连接1.5米长的铁水管，目的是散热；否则，由于风机的温度高，出风口处的PVC管时间久了会有轻微融化而造成脱落。可把进风口网罩去掉，以增加风量（图3.8）。

图 3.7　水泵安装

图 3.8　风机安装

5个箱风机2.2千瓦，压力0.03兆帕（最大水深2.2米），可选用罗茨风机和双螺旋双叶轮高压风机。水泵2.2千瓦一台，3千瓦一台（大鱼用），流量50～75米^3/时，口径110毫米或75毫米，用钢丝软管或橡胶软管连接水泵出水口和PVC进水口；扬程根据实际情况选择，一般不低于8米最好，以保证最大流量。

10个箱风机4千瓦，压力0.03兆帕。水泵4千瓦，流量100～150米^3/时，口径160毫米；扬程根据实际水位落差高度选择，一般不低于8米最好，以保证最大流量。

➕ 发电机安装

发电机需要请专业电工安装好，若是柴油发电机，注意提前备好一桶应急柴油，同时注意向水箱内加好干净的水。最好一个月内能启动一次，检查机器是否正常，发电机电池也要充好电。同时备好增氧粉和增氧颗粒。

➡ 微滤机水泥池修建，反冲洗水泵安装

微滤机需要修建一个长2.5米、宽2.5米、高50厘米的水泥池（图3.9）。微滤机进水口管径200毫米，排污口管径75毫米，设在进水口对面。靠近塘边一侧的排水管，在距离水泥池底部10厘米高的位置预埋一根管径200毫米的排水管

（排掉水泥池内的水，保证一直有10厘米的水位）。在水泥池底部预埋一根管径75毫米的PVC管，以便于排空水泥池内的水，将管通向池塘。微滤机进水侧也需要在水泥池底部距离池底5厘米高（因为要安装管径32毫米止回阀）处预埋一根直径32毫米的管，用于连接反冲洗泵进水管。微滤机旁边需要建一个20米³左右的三级沉淀池，三个小池底部预埋1根管径110毫米的底排管，沉淀池的每级池留5～10厘米的落差，使得微滤机处理后的污水溢流到下一级池，每半个月清理一次三级沉淀池。微滤机配有水泵和定时器，但需要单独采购从水源到微滤机旁边水泵的PVC管和配件接通水泵，水泵用于反冲洗滤网上的粪便等污物。每天检查喷头是否堵塞，及时清洗。

图 3.9　微滤机水泥池

微滤机反冲洗泵（图3.10）可从进水管分支出来，但水泵四周必须要用密网隔开池塘的垃圾，以免堵塞喷头，最合适的安装是将微滤机水泥池修高为50厘米。在距离池底部5厘米高度预埋一根直径32毫米的管，以引水进反冲洗泵。

图 3.10　反冲洗水泵安装

管径200毫米排水管在进入微滤机之前需要安装一个单独的管径200毫米的排水口。

十二　护栏、楼梯的安装

护栏高1米即可，楼梯宽1.2～1.5米。每3个箱安装一个活动护栏，方便进出鱼苗时的操作。比如10个箱，第2、5、8个箱靠近车道那一侧（一般是出鱼口那一侧）安装活动护栏，便于将鱼从鱼车顶直接搬运到集装箱顶，节省时间（图3.11）。

图 3.11　楼梯（左）、护栏（右）安装

注意：若楼梯基础未硬化，需将楼梯第一步的两个脚座底下硬化，便于楼梯有受力点；同时上楼梯的平台下面要立一根柱支撑平台，柱子底部要用水泥硬化。

十三　停电停气报警器安装

为减少风机安全隐患，必须安装报警器。选择220伏停电停气报警器即可，安装简单方便，插入电话卡，设置好报警拨打号码，停电或停气时会自动打电话通知提示报警，减少因停电停气带来的损失。

注意：不要忘记及时交话费，最好一次交够一年，每月

1日、15日再人工测试一下报警器是否正常工作。安排夜班打卡巡逻，每小时一次。

十四 池塘三级改造，冬季搭双层温棚

　　池塘按照1∶1∶8改造成三个小池塘，每一级池塘留有落差10～20厘米（图3.12）。粪便集污池为20米^3，也采用三级沉淀法修建，注意预埋排空管。池塘水深6米，每亩可配3～7个集装箱，10个箱只需用改造好的池塘3亩水面。温棚搭建高度不低于3米，可直接从集装箱顶的吊顶拉钢丝绳绷塑料大棚（图3.13），第二层大棚（图3.14）可以平铺在池塘上方。池塘塘基留2米宽，搭好大棚后四周用素土掩盖

图 3.12　池塘改造

四周以保温。采用三角形法搭棚，即从池塘比较宽的一边立柱向对面绷钢丝绳。钢丝间距40 ～ 50厘米，预埋钢筋勾住钢丝。立柱间距3 ～ 5米。

图 3.13　塑料保温棚

图 3.14　第二层大棚安装

第四章

集装箱式养殖实例
（观星农业数字化渔业养殖基地）

➤ 观星农业数字化渔业养殖基地简介

　　观星农业数字化渔业养殖基地位于肇庆市鼎湖区沙浦镇，占地约1 000亩，辐射带动范围包括鼎湖区沙浦镇、永安镇、莲花镇及其周边区域（图4.1）。目标是建成以陆基推水养殖系统为主的数字化、标准化的"绿色立体循环渔业"养殖基地，打造零污染、零排放、零药残、零土腥味的绿色水产品，建设集"绿色养殖＋生态池塘＋新能源光伏＋工农旅等"于一体的一、二、三产业融合发展的现代化数字化农业产业示范基地。基地积极推动集装箱式数字化养殖平台的示范应用建设，结合物联网技术、数字化监控手段，助力传统农业走向工业化、智能化，推动水产养殖业的革命性提升和发展，实现水产养殖业向4.0时代的迈进。

图4.1　观星农业数字化渔业养殖基地功能分区布局规划

　　基地目前已建成400套标准化集装箱式养殖平台系统，配套员工办公区、生活区等（图4.2），并与广东省肇庆市鼎湖区农业农村局共同承担建设"国家重大引领性技术标准化示范区"（图4.3）。示范区以标准化、集约化和规模化为发展方向，以安全、优质、高效、绿色为质量目标，致力于发展新型设施化水产养殖技术，将肇庆市鼎湖区打造成珠三角地区重要的优质水产品标准化生产示范基地。打造高效水产养殖示范区约12 000亩，水产标准化养殖示范基地5 000亩，带动当地农业向生态、绿色农业发展模式转变，辐射周边约7万亩水面，促进周边农户增效增收，为乡村振兴发展带来新的活力，极大地改变了乡村面貌。

图 4.2　基地办公、生活区

图 4.3　示范区

⊟ 技术路线

　　集装箱式绿色生态养殖模式，又称为集装箱式"分区养殖、异位处理"技术模式（图4.4），将养殖对象集中在箱内养殖，池塘主要功能变为生态湿地，养殖水循环利用，是一种岸上、岸下相结合的新型绿色生态水产养殖方式。

图 4.4　分区养殖、异位处理

（1）养殖区

　　养殖箱体安装在陆基池塘边，从池塘抽取上层高氧水，注入养殖箱体内流水养殖，养殖尾水返回池塘进行生态净化，不再向池塘投放鱼苗、饲料、渔药等，使传统池塘变为养殖水循环净化池/生态湿地，从而实现生态环保和资源循环利用，达到无污染、零排放的目的。

（2）水处理区（三塘四坝一湿地）

工艺流程：固液分离及生态沟渠→一级溢流坝→一级池（沉淀酸化塘）→二级溢流坝→二级池（人工湿地）→三级溢流坝→三级池（兼性厌氧塘）→四级溢流坝→四级池（生态复氧塘）。经处理后水质达标，循环利用。

①固液分离及生态沟渠。每套系统建1个鱼粪收集池，每10个养殖箱安装1台干湿分离器，养殖尾水从养殖箱出水口（图4.5）出来后，经干湿分离器进行固液分离（图4.6）。分离后的粪污用管道送入鱼粪收集池，沉淀发酵后作为有机肥用于种植蔬菜，上清液经生态沟渠（图4.7）自然流入沉淀酸化塘处理。

②一级池（沉淀酸化塘）。主要用于沉淀未被固液分离器分离出来的水体中固体物质。沉淀酸化塘（图4.8）水深为4.5～5.0米，水深较深使之兼有表面氧化反应、底部酸化和厌氧反应的功能。

图 4.5　出水口

图 4.6　干湿分离器（固液分离）

图 4.7　生态排水沟渠

图 4.8 沉淀酸化塘

③二级池（人工湿地）。池内种植沉水植物、挺水植物、浮叶植物等各类水生植物以及大型藻类（覆盖面积占该湿地水面的70%），以吸收净化水体中的氮、磷等营养盐（图4.9）。

④三级池（兼性厌氧塘）。主要进行硝化和反硝化反应，减少氮的积累。同时底部放比表面积大的人工填料，以增加反应面积，提高硝化和反硝化反应效率（图4.10）。

⑤四级池（生态复氧塘）。主要是依靠有益藻类自然复氧和增氧，保证池中溶氧不低于5毫克/升，并还原水体活性，以保证循环用于养殖箱的水体满足养殖对象对水质的要求。同时在该塘适量安装机械曝气增氧系统，保证在阴天和夜晚自然复氧（增氧）能力不足时的补充（图4.11）。

⑥溢流坝。在生态沟渠和沉淀酸化塘之间，在沉淀酸化塘与人工湿地之间、人工湿地与兼性厌氧塘之间、兼性厌氧塘与生态复氧塘之间各建溢流坝1座，长度占塘宽的80%以上，宽1.5米左右。图4.12为抽水泵。

抽取生态复氧池上层富氧水进入养殖系统（图4.12），养殖尾水经过处理后进入养殖箱循环利用（图4.13），实现养殖尾水无污染、零排放。

图 4.9　人工湿地

图 4.10　兼性厌氧塘

四级池

图 4.11　生态复氧塘

图 4.12　抽水泵

图 4.13　进水口

从正规苗种场采购符合标准的鱼苗，运输回基地后投入养殖箱内养殖（图4.14）。

图 4.14　进鱼养殖

出鱼前检查药物使用记录，收获需要遵循休药期。出箱前停止投饲至少1天。打开出鱼口放鱼。鱼车停靠养殖箱边缘，降低箱内水位，从出鱼口直接用筐装好鱼，转运至鱼车内（图4.15）。

图 4.15　出鱼收获

四 基地特色

基地主导产业为绿色生态水产养殖业，占地规模约1 000亩，现拥有400套陆基循环水养殖设备，计划再增600套养殖设备，年产各种优质食品鱼共约5 000吨，产值达1亿元。

目前主要养殖品种包括宝石鲈、加州鲈、乌鳢、草鱼、罗非鱼、彩虹鲷（图4.16）等。养殖水产品除活鱼销售外，还进行初深加工项目，进一步提高养殖效益。初加工产品有鱼片等（图4.17），精深加工衍生品包括鱼胶原蛋白面膜、鱼胶原蛋白喷雾等（图4.18）。此外，基地打造了数十亩油菜花、格桑花田，加上生态湿地，大力发展农业休闲旅游观光项目（图4.19～图4.21）。

图 4.16　集装箱式养殖的加州鲈

图 4.17　集装箱式养殖的乌鳢鱼片

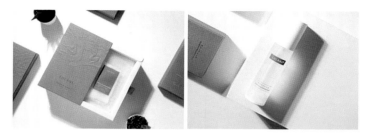

图 4.18　鱼胶原蛋白面膜（左）、鱼胶原蛋白喷雾（右）

图 4.19　生态湿地

图 4.20　油菜花田

图 4.21　格桑花田

五　示范与推广应用

　　基地始终把宣传、培训作为一项重要工作来抓，充分利用广播、电视、网络、报纸、黑板报等大力宣传国家农业标准化示范区建设的重要意义。采用制作宣传材料、科普漫画、技术规范等方式，积极宣传集装箱式养殖技术相关知识和标准化示范区建设的意义。截至目前，基地共接待来自社会各界的参观人员约1 000人次。

　　2020年10月17日，在基地内对50余名肇庆市退伍军人进行技能培训和创业指导，进一步提升了退伍军人自主就业、创业竞争能力（图4.22）。

图 4.22 肇庆市退伍军人创业培训

　　同时，作为高素质农民培训基地，共承办肇庆市农业经济管理干部学校培训班3次（图4.23～图4.25），累计接待培训班学员共428人。培训班主要围绕"集装箱+池塘尾水生态治理模式"实践培训，对新型农民集中进行养殖技术和养殖模式培训。

图 4.23 怀集县高素质农民培训班

图 4.24　阳西县高素质农民培训班

图 4.25　阳东县特色农业强镇项目农技人员培训班

图书在版编目（CIP）数据

陆基推水集装箱式养殖技术图册 / 全国水产技术推
广总站组编. —北京：中国农业出版社，2022.7（2023.8重印）
ISBN 978-7-109-29732-6

Ⅰ.①陆…　Ⅱ.①全…　Ⅲ.①水产养殖－图集　Ⅳ.
①S96-64

中国版本图书馆CIP数据核字（2022）第124053号

中国农业出版社出版

地址：北京市朝阳区麦子店街18号楼
邮编：100125
责任编辑：王金环
责任设计：李文强　　责任校对：吴丽婷
印刷：中农印务有限公司
版次：2022年7月第1版
印次：2023年8月北京第2次印刷
发行：新华书店北京发行所
开本：880mm×1230mm　1/32
印张：2.5
字数：80千字
定价：58.00元